1 MONTH OF
FREE
READING

at

www.ForgottenBooks.com

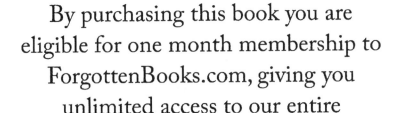

By purchasing this book you are eligible for one month membership to ForgottenBooks.com, giving you unlimited access to our entire collection of over 1,000,000 titles via our web site and mobile apps.

To claim your free month visit:

www.forgottenbooks.com/free1277690

ISBN 978-0-364-84115-0
PIBN 11277690

VERUNREINIGUNGSQUELLEN

KLEINERER WASSERLEITUNGEN.

INAUGURAL-DISSERTATION

ZUR

ERLANGUNG DER DOCTORWÜRDE

IN DER

MEDIZIN, CHIRURGIE UND GEBURTSHÜLFE

DER

HOHEN MEDIZINISCHEN FAKULTÄT DER UNIVERSITÄT LEIPZIG

VORGELEGT VON

ERNST WEISSENBORN,

APPROB. ARZT.

LEIPZIG 1900

DRUCK VON ALEXANDER EDELMANN

UNIVERSITÄTS-BUCHDRUCKER.

Gedruckt mit Genehmigung der Medizinischen Fakultät zu Leipzig.
28. Juli 1900.

Referent: Herr Geh. Med.-Rath Prof. Dr. Hofmann.

In der nachstehenden Arbeit möchte ich die Wasserversorgung verschiedener Städte, die bezüglich der Art der Wasserverteilung eigentümliche Verhältnisse darbieten und dadurch zu sanitären Nachteilen Veranlassung geben, beschreiben.

Es handelt sich um ein System der Wasserversorgung, welches in einer Anzahl von Städten zum Teil seit mehr als hundert Jahren besteht und wie es heutzutage bei Neuanlagen nicht mehr zur Anwendung kommt. Aus gefassten Quellen oder gegrabenen Brunnen, die höher als die Stadt gelegen sind, wird das Wasser, entsprechend der damaligen Stellung der Technik, in Holzröhren der Stadt zugeleitet, wo es nun an verschiedenen Ausflussstellen in den Strassen und auf Plätzen den Einwohnern zur Verfügung steht. Die Einrichtung solcher lang bestehender Röhrwasserleitungen seitens der Gemeinde war sicher das Zeichen einer gewissen Wohlhabenheit, sowie ihrer Sorge für das öffentliche Wohl. Waren doch die Quellen, da sie in der weiteren Umgebung der Stadt gesammelt waren, verunreinigenden Einflüssen viel weniger ausgesetzt, als die Brunnen der bewohnten Stadtteile.

Da nun aber das Wasser Tag und Nacht floss, weil die Holzröhren, die man früher ausschliesslich anwandte, keinen höheren Druck ertragen konnten und da ausserdem die Holzröhren nur wenig Wasser liefern konnten, so war ein gewisser Zeitaufwand nötig, um die ausreichende Menge zu erhalten. Man kam nun auf den Ausweg, das sonst unbenutzt wegfliessende Wasser an Ort und Stelle auf der Strasse unmittelbar zu sammeln, indem man unterirdische Behälter, in welche das Rohrwasser einfliessen konnte, erbaute. Waren diese Behälter gefüllt, so konnte der Überfluss des Zulaufs durch Rohre zur Schleusse,

bezw. nach der Gosse austreten. Diese unterirdischen Strassenbassins erreichten, wie ich später zeigen werde, zum Teil sehr
grosse Dimensionen. Um das hier gesammelte Wasser zu erhalten, wurden Pumpen in das Bassin gestellt.

Die Einwohner haben also Gelegenheit, an derselben Stelle
sowohl das direkt aus dem Rohr fliessende Wasser, wie auch
das stets erneuerte Bassinwasser zu holen.

Nun ist es unvermeidlich, dass durch die Öffnung, durch
welche das zufliessende Röhrwasser in das Bassin fällt, trotz
der angebrachten Warnungstafeln und der Fussgitter über
dem Bassin, Verunreinigungen in den tief gelegenen Behälter
gelangen können. So werden nicht nur Strassenstaub, sondern
auch sonstige Verunreinigungen durch fahrlässiges oder bös-
williges Ausgiessen von zu reinigenden Gefässen in die Bassins kommen. Das aus dem Bassin geschöpfte Wasser sieht,
da ein steter Zulauf stattfindet, meistens rein und klar aus.
Wenn auch seine Verwendung als Trinkwasser in der Regel
nicht stattfinden soll, so geschieht es doch häufig, dass Personen, welchen die Wasserentnahme aus der Röhre zu langsam
verläuft, die Wassergefässe mit dem anscheinend reinen Bassinwasser füllen und dann zur allgemeinen Verwendung nach
Hause bringen.

Wie sehr die bequeme Art der Wasserentnahme aus diesen
unterirdischen Strassenbassins geschätzt wird, geht daraus hervor, dass in einigen Städten seit langer Zeit benachbarte
Grundstücksbesitzer das Recht haben und ausüben, von dem
unterirdischen Bassin sich eine eigene Rohrleitung nach dem
Wohnhause abzuzweigen, so dass sie in ihrem Hause oder
ihrem Hofe ohne Weiteres Wasser aus dem Strassenbassin
herbeipumpen können.

Die ursprünglichen hölzernen Röhren dieser alten Röhrwasserleitungen sind in neuerer Zeit fast überall verschwunden
und an ihrer Stelle eiserne gelegt; aber die Bassins bestehen
noch.

Es darf übrigens nicht unerwähnt bleiben, dass die Anlage
und gelegentliche spätere Erweiterung dieser Röhrwasserleitungen, zumal wenn unterirdische Behälter in grösserer Zahl

gebaut worden sind, die Anlage eines erheblichen Kapitals dar-
stellt, und dass auch die Unterhaltung und Verbesserung in
den einzelnen Teilen mehrfach den betreffenden Gemeinden
nicht unerhebliche Geldopfer auferlegt.

Das Alter und die Compliciertheit dieser Anlagen bedingt
in manchen Städten ein buntes Bild. So fand man noch neben
hölzernen Leitungen solche, die aus Eisen und auch aus Cha-
motterohren bestehen; die Bassins selbst zeigen in der Bauart
und in der Grösse bedeutende Verschiedenheiten.

Es hat somit ein wesentliches Interesse, nach den exakten
hygienischen Untersuchungsmethoden festzustellen, in welchem
Umfange das von allen Einwohnern gebrauchte Bassinwasser
gegenüber dem zugeleiteten Röhrenwasser eine Verschlechterung seiner Beschaffenheit erfährt.

Hierbei kann die bakteriologische Untersuchung der beiden
Wasserproben einen zutreffenden Aufschluss gewähren. Die
von mir angewandte Methode bestand darin, dass Wasser unter
den nötigen Cautelen mittels vorher geaichter sterilisierter
Tropfgläser aufgefangen, und sofort an Ort und Stelle von jeder
einzelnen Probe mehrere Platten gegossen wurden. Als Nähr-
böden diente Fleischwasserpepton-Gelatine. Die Platten wurden
bei 20—22° C. gehalten, und frühestens nach 56 Stunden
(abhängig davon, ob verflüssigende Keime vorlagen) die ge-
wachsenen Culturen entweder mikroskopisch oder mit der Lupe
gezählt.

Es wurden jedesmal zwei Controllplatten gegossen und von
den gefundenen Keimzahlen das Mittel genommen.

Geithain.

G., eine Stadt von 4000 Einwohnern, wird durch 3 alte
Röhrwasserleitungen aus verschiedenen Quellgebieten versorgt.

1) Der grösste Theil des Wassers wird von den Eula-
quellen bezogen; sie liegen, an Zahl 5, 1 Stunde südöstlich
der Stadt in einem mit Buschwerk bestandenen Thale. Bei
zwei derselben ist die Fassung vor einigen Jahren erneuert.
Das Mauerwerk des Schachtes überragt den Erdboden um 0,5 m
und ist mit einer Cementplatte zweckmässig abgedeckt. Die

anderen drei sind dagegen von älterer Bauart, mit gelockerten Mauern, und zu ebener Erde mit einer Bohlendecke abgedeckt, vermögen demnach nicht das Einfliessen von Oberflächenwasser zu verhindern. Von einem Sammelbrunnen aus fliesst das Wasser mit beträchtlichem Falle nach der Stadt.

In den Strassen der Stadt befinden sich 16 ständig fliessende Ausläufe; hiervon treffen 11 auf die Oberstadt, letztere werden ausschliesslich mit Eulawasser gespeist.

2) Das Beutelwasser wird von zwei, 0,5 km nördlich der Stadt gelegenen Quellen in Holzröhren hergeführt. Es erhält, da seine Menge gering ist, noch einen Zufluss von der Eulaleitung und versorgt dann mit 4 Ausläufen die Unterstadt.

3) Eine dritte Leitung ist die der Einsiedelquelle. Letztere bietet ganz den Anblick eines alten Schöpfbrunnens und ist zu ebener Erde mit einer Holzthüre undicht verschlossen. Der Rohrstrang ist eisern, 150 m lang und führt zu einem Auslauf, welcher sich in einer vom Centrum etwas abgelegenen Stadtgegend befindet.

Wir haben also im ganzen 16 Stellen, wo das Wasser, durch ein ca. 1 m hohes Steigrohr, ständig aus der Leitung fliesst. Die Menge des ausfliessenden Wassers reguliert der Röhrmeister durch Stellhähne, damit nach Massgabe des vorhandenen Wasserquantums alle Stadtgegenden möglichst gleichmässig bedacht werden.

Soweit das ständig fliessende Wasser nicht aufgefangen wird, fällt es durch ein Eisenblechgitter, bezw. durch die siebartigen Löcher eines Holzbrettes, in ein unterirdisches Bassiu hinab. In demselben steht eine Pumpe, durch die das im Bassin angesammelte Wasser heraufgehoben werden kann. Auch das heraufgepumpte Wasser fällt, soweit kein Gefäss untergestellt ist, durch dieselben Öffnungen, wie das ständig fliessende, wieder in das Bassin zurück. Pumpe und Steigrohr sind von einem gemeinschaftlichen Bretterhäuschen überdacht.

Es schien nun von Interesse, die Ergiebigkeit der einzelnen Ausflussstellen kennen zu lernen. Hierzu wurde in meiner Gegenwart vom Röhrmeister ein Gefäss mit bekanntem Inhalt voll fliessen lassen, wobei die Zeit genau ermittelt wurde. Die einzelnen Auslaufstellen auf den Strassen lieferten, berechnet auf 24 Stunden, nachstehende Wassermenge in cbm angegeben.

No. 1	6,10 cbm	No. 7	14,95 cbm	No. 12	13,51 cbm
„ 2	5,14 „	„ 8	11,71 „	„ 12a	8,12 „
„ 3	5,74 „	„ 9	8,48 „	„ 13	9,96 „
„ 4	11,71 „	„ 10	11,65 „	„ 14	8,84 „
„ 5	5,43 „	„ 11	5,43 „	„ 15	3,34 „
„ 6	3,72 „				

In Summa geben demnach die 3 Leitungen in 24 Stunden 133,$_8$ cbm, das wäre auf den Kopf der Bevölkerung gerechnet, 33 l.

Auf die Oberstadt, welche ausschliesslich mit Eulawasser versorgt wird (Auslaufstellen 1—6, 8—11 und 12a) entfallen 83,2 cbm; auf die mit Beutelwasser versorgte Unterstadt 35,7 cbm (Auslaufstellen 12, 13, 14, 15); auf die mit Einsiedelwasser gespeiste Auslaufstelle 7 endlich: 14,95 cbm.

Hieraus ergiebt sich, dass die Wasserholenden zum Teil lange (4—5 Minuten) warten müssen, bis ihr Wassergefäss gefüllt ist. Es kann nicht auffallen, dass deshalb häufig die rasch ausgeführte Füllung mit Bassinwasser vorgezogen wird.

Was nun die Bassins betrifft, so sind die aus älterer Zeit stammenden erheblich grösser als die neueren. Alle sind sie gemauert und überwölbt; teilweise sind sie ganz auscementiert, teilweise sind nur die Fugen mit Cement verstrichen. Ihre Tiefe schwankt zwischen 1,70 m und 4,50 m, während sich der Wasserspiegel allgemein ca. 1 m unter dem Niveau des Pflasters befindet. Das untere Ende des Saugrohrs der eingestellten Pumpe steht ca. 30 cm über dem Bassinboden. Der Wasserinhalt im gefüllten Zustande beträgt bei den einzelnen Behältern:

No. 1	9,0 cbm	No. 7	1,4 cbm	No. 12	108,5 cbm
„ 2	25,8 „	„ 8	15,7 „	„ 12a	3,1 „
„ 3	2,8 „	„ 9	21,1 „	„ 13	82,8 „
„ 4	26,6 „	„ 10	30,7 „	„ 14	47,5 „
„ 5	10,2 „	„ 11	61,6 „	„ 15	3,2 „
„ 6	2,2 „				

Im Ganzen fassen also die Behälter zusammen 452,2 cbm, das ist die $3\frac{1}{2}$fache Menge des täglich zufliessenden Wassers, also ein bedeutender Vorrat an Stauwasser.

Fragen wir uns nun, an welchen Stellen in die Bassins Verunreinigungen treten können, so finden wir folgende Momente:

Der Bassinraum communicirt mit der Aussenwelt einmal durch die Öffnung, durch welche das fliessende Wasser einfällt. Dieselbe so zu sichern, dass nicht auch fremde Gegenstände einen direkten Weg in das Bassin finden können, ist nach dem Princip der ganzen Einrichtung unmöglich.

Ferner ist eine Öffnung vorhanden, in der die Pumpe steht; zwar ist dieselbe durch das darüber gebaute Bretterhäuschen einigermassen geschützt, aber doch nicht hinlänglich, da dessen Holzwerk schon infolge der Fugen und Astlöcher undicht ist und überdies leicht schadhaft wird.

Weiterhin findet sich im Niveau der Strasse ein viereckiges Einsteigeloch von 1—2 qm Grösse, das mit Holzbohlen bedeckt ist. Darüber hinweg geht tagtäglich der Strassenverkehr, es ist also unvermeidlich, dass Strassenstaub durch die Fugen fällt und bei Regenwetter Strassenschmutz in das Bassin gespült wird.

Ausserdem ist die Communikation des Bassinraumes mit der Schleusse zu erwähnen, bestehend in einem 8 cm weiten Chamotterohr, durch welches das überschüssige Wasser abfliesst. Wenn man auch, da die Schleusse genügend tief unter diesem Rohre liegt und überall starken Fall hat, nicht zu befürchten braucht, dass Schleussenwässer ins Bassin zurückstauen könnten, so ist es doch nicht ausgeschlossen, dass Schleussengase, je nach dem herrschenden Winddruck, durch dieses Überlaufrohr in den Bassinraum gelangen können.

Eine Reinigung der Bassins wird alle 2 Jahre vorgenommen und dabei reichlicher Schlamm entfernt.

Noch zu erwähnen sind die Schlepp- oder Schleifpumpen, mittels deren Bassinwasser unmittelbar in Privatgrundstücke übergeleitet wird. Ihr Saugrohr taucht bis zu einer von der Behörde festgesetzten Tiefe unter den normalen Wasserspiegel ein, während die Pumpe selbst entweder im Hofe, oder im Waschhause oder in der Küche der Grundstücksbesitzer aufgestellt ist. Es sind im ganzen 37 solcher Schlepppumpen vorhanden.

Betrachten wir nun die auf 1 ccm berechneten Keimzahlen des ständig fliessenden Röhrwassers und des Bassinwassers, so giebt uns zunächst über das erstere folgende Tabelle Aufschluss, wobei jedoch zu beachten ist, dass das Beutelwasser, wie es zum Ausflusse kommt und untersucht worden ist, schon einen Zufluss von Eulawasser erhalten hat.

	Datum	Mittelwert.	Datum	Mittelwert.
Eulawasser	23. Mai	43	6. Juni	5
Beutelwasser	„	64	„	25
Einsiedelwasser	—	—	„	11

Die erheblichen Differenzen, welche der Keimgehalt der Leitungswässer an verschiedenen Tagen zeigt, weisen uns auf die Mängelhaftigkeit der Quellfassungen und ihrer Bedeckungen hin, welche nicht ausreichend sind, um Zuflüsse von keimhaltigem Oberflächenwasser auszuschliessen.

Andrerseits ergab die Untersuchung des Bassinwassers Folgendes:

A. Die ausschliesslich mit Eulawasser gespeisten Bassins.

	Datum	Mittelwert		Datum	Mittelwert
Bassin No. 1	1. Juni	205	Bassin No. 8	1. Juni	560
„ „ 2	„	1350	„ „ 9	6. Juni	360
„ „ 3	„	1100	„ „ 10	„	545
„ „ 4	„	435	„ „ 11	1. Juni	205
„ „ 5	6. Juni	125	„ „ 12a	6. Juni	71
„ „ 6	„	355			

B. Die mit Beutelwasser gespeisten Bassins.

	Datum	Mittelwert		Datum	Mittelwert
Bassin No. 12	1. Juni	110	Bassin No. 14	1. Juni	145
„ „ 13	„	770	„ „ 15	„	1005

C. Das mit Einsiedelwasser gespeiste Bassin No. 7.

Datum	Mittelwert
6. Juni	135

Die Keimzahlen des Bassinwassers sind, wie aus vorstehender Tabelle hervorgeht, meist, schon absolut genommen, sehr bedeutende. Vergleichen wir sie aber mit denen des zufliessenden Röhrenwassers, so ist augenfällig, welche erhebliche Keimvermehrung das Wasser im Bassin erfährt, obgleich doch ein steter Zu- und Abfluss, mithin in nicht langer Zeit eine Erneuerung des Wassers im Behälter stattfindet. Von den am 6. Juni untersuchten Bassius wies No. 10 die verhältnismässig grösste Keimvermehrung auf (das 109fache), No. 12a die verhältnismässig geringste (das 14fache).

Geringswalde.

G., eine Stadt von 5000 Einwohnern, besitzt seit langer Zeit 5 Röhrwasserleitungen.

Die ergiebigste derselben ist die Altgeringswalder Leitung. Ihre 3 Quellen liegen 2 km nordöstlich der Stadt auf Wiesenland. Eine davon ist neu und gut gefasst, während die zwei älteren alten Schöpfbrunnen ähneln und durch eine zu ebener Erde befindliche Bretterthür nur unzureichend gegen Verunreinigungen gesichert sind. Von einem Sammelpunkte aus wird das Wasser in Eisenrohren nach der Stadt geführt und gelangt in der Oberstadt zur Verteilung. (6 Entnahmestellen.)

Die 3 Quellen der Arraser Leitung liegen 2 km südlich der Stadt in einer Wiese. Sie sind mit Holzbohlen ausgekleidet und ebenfalls mit Holz zu ebener Erde abgedeckt. Diese ganz altertümliche Art der Quellfassung giebt natürlich wegen ihrer Undichtigkeit dem Oberflächenwasser reichliche Gelegenheit zum Einfliessen und bringt geradezu eine dringende Gefahr mit sich, wenn die Wiese einmal gedüngt oder mit Jauche begossen wird. Die Rohre der Leitung sind eisern und liefern, vom Markt anfangend, Wasser an die Entnahmestellen der Unterstadt (an Zahl 5).

Ausserhalb des Systems dieser beiden Leitungen sind noch 3 Wasserentnahmestellen vorhanden, deren jede aus einem besonderen Quellgebiete gespeist wird, und zwar mit Wasser vom Arraser Weg, von Fischers Grundstück und vom

Lindenbrunnen. Die erstgenannte dieser Leitungen geht in hölzernen, die beiden andern dagegen in eisernen Röhren.

Was nun die 13 Wasserentnahmestellen der Stadt betrifft, so finden wir bei allen unterirdische Bassins. Während nun früher, ganz wie noch jetzt in Geithain, an all diesen Stellen sowohl fliessendes, als auch Bassinwasser entnommen werden konnte, ist in Geringswalde in neuerer Zeit eine Änderung getroffen worden. Die Wasserausläufe aus den Leitungen sind nämlich gegenwärtig an 12 Stellen nicht mehr oberirdisch, sondern unterirdisch, sodass sie in den Bassinraum selbst verlegt sind. Die Folge ist, dass den Wasserholenden nur noch eine Wassersorte, nämlich Bassinwasser, welches gepumpt werden muss, zur Verfügung steht.

Die Bassins ihrerseits sind durchweg vollständig auscementiert und fassen nur wenige cbm. Sie können zugänglich gemacht werden durch Aufheben eines viereckigen eisernen Deckels, welcher, im Niveau der Strasse, bezw. des Trottoirs gelegen, eine Öffnung von ungefähr 0,5 qm Grösse in der Bassinwölbung dicht verschliesst.

Bei 2 Bassins, die abseits von den verkehrsreichen Stadtgegenden gelegen sind, ist die erwähnte Einsteigeöffnung zwecks weitergehender Sicherung des Bassinwassers vor Verunreinigungen durch Aufmauern eines Schachtes um 0,5 m über das Niveau der Strasse erhöht worden. Bei den andern Bassins wäre diese Massregel allerdings mit Rücksicht auf den über die Einsteigeöffnung gehenden Verkehr undurchführbar.

In jedes dieser Bassins taucht nun, eine gut abgedichtete Öffnung in der Bassinwölbung durchsetzend, eine eiserne Pumpe zur Wasserentnahme.

Ist ein gewisser Wasserstand, durchschnittlich 40 cm unter dem Strassenniveau, erreicht, so tritt das überschüssige Wasser meist durch ein 5 cm weites Überlaufrohr direkt nach der, übrigens immer tief gelegenen Schleusse über, in 4 Fällen dagegen speist es noch nach tiefer gelegenen Privatgrundstücken führende Zweigleitungen, um dann erst, wenn es dort noch einen Behälter angefüllt hat, nach der Schleusse überzutreten. Bei dieser Gelegenheit sei gleich noch eine zweite Art

des direkten Bezugs von Bassinwasser in Privatgrundstücken
erwähnt, das ist die Einrichtung der Schleppupmpen, wie wir
sie schon in Geithain angetroffen haben. Ihre Zahl in Geringswalde beträgt 13.

Wenn wir nun die Möglichkeiten der Verunreinigungen,
denen ein solches Bassin ausgesetzt ist, in Betracht ziehen, so
müssen wir anerkennen, dass sie gegenüber denen, die wir
bei den Geithainer Bassins kennen lernten, bedeutend einge-
schränkt sind. Schon durch den Wegfall der Einfallsöffnung
für das fliessende Wasser wird dem Eindringen fremder Substanzen ein wichtiger Weg verschlossen. Ferner aber ist durch
gute Abdichtung der Öffnung, in der die Pumpe steht, durch
möglichste Verkleinerung und guten Verschluss der Einsteigeöffnung, nicht zum wenigsten auch durch Vermeidung allen
Holzwerks bei der Bedeckung des Bassins die Sicherung derselben eine viel weitgehendere. Trotzdem ist die Abschliessung
der Behälter gegen die Aussenwelt keine ideale, denn auch bei
Bedeckung der Zugangsöffnung mit Eisenplatte ist das Offen-
stehen kleiner Spalten unvermeidlich und damit eine Eingangs-
pforte für Strassenstaub und Oberflächenwasser gegeben, zumal ja die Eisendeckel in den mehr oder minder verkehrsreichen
Strassen gelegen sind ohne über das Niveau derselben erhaben
zu sein. Schliesslich muss auch hier wieder die bei einem
Teil der Bassins vorhandene unmittelbare Communikation mit
der Schleusse erwähnt werden.

Nach dem Gesagten kann es nicht auffallen, dass auch in
den Geringswalder Bassins sich bei der alljährlich vorgenommenen Reinigung schlammiger Bodensatz findet.

Abgesehen von den 13 Bassins mit unterirdischem Ein-
lauf ist noch eine, und zwar am Markt gelegene Wasserentnahmestelle vorhanden, bei der, wie früher allgemein, das
Röhrwasser aus einem Steigrohr der Leitung frei zu Tage
fliesst, um dann durch eine Öffnung der unter dem Auslaufe
liegenden Steinplatten fallend, ein unterirdisches Bassin anzu-
füllen, dessen Abdeckung in diesem Falle aus mächtigen
Steinplatten besteht. Es steht eine Pumpe im Bassin, also
kann von den Wasserholenden sowohl Röhrwasser als Bassin-

wasser entnommen werden. Das Letztere wird aber, wie ich konstatieren konnte, wenig geholt und wegen der hier offenbar in sehr hohem Grade möglichen Verunreinigung für gering-wertig gehalten, wie schon aus der gebräuchlichen Bezeichnung „Marktpfütze" zu erkennen ist. Das sehr grosse Bassin (Inhalt über 100 cbm) wird in erster Linie für Feuerlöschzwecke unterhalten. Trotzdem wird das Überlaufwasser desselben nach einer Brauerei geführt, wo es nochmals einen Behälter füllt und angeblich nur als Spülwasser zur Verwendung kommt.

Bei der am 2. Juli vorgenommenen Keimbestimmung der Geringswalder Wässer wurden 5 Bassins ausgewählt, deren jedes von einem andern Quellgebiet aus gespeist wird. Es wurde dabei sowohl eine Probe des ständig fliessenden Wassers (welches natürlich ausser am Markt erst nach Aufhebung des Bassindeckels aufgefangen werden konnte), als eine des durch die Pumpe entnommenen Bassinwassers untersucht.

Die Resultate waren folgende:

		Mittelwert	
Leitung	Bassin bei Cat.-No.	Leitungsw.	Bassinw.
v. Fischers Grundst.	No. 105	2	6
v. Altgeringswalde	No. 99	70	230
v. Arras	No. 64	11	275
v. Arraser Weg	No. 251	81	167
v. Lindenbrunnen	Markt	66	150

Die sehr ungleichen und teilweise nicht unerheblichen Keimzahlen der Leitungswässer sind in der Hauptsache auf Mängel in den Quellgebieten zu beziehen, während uns die auch hier wieder durchgehends in die Erscheinung tretende Keimvermehrung des Wassers in dem Bassin den Beweis liefert, dass auch diese Bassins von verunreinigenden Ober-flächeneinflüssen nicht frei sind.

Mutzschen.

M., ein Städtchen von 1600 Einwohnern, erhält durch 2 in fiskalischer Verwaltung befindliche Röhrwasserleitungen, welche aus dem 15. Jahrhundert stammen, Wasser zugeführt. Es sind dies die obere und die untere Amtswasserleitung.

Die obere Amtswasserleitung bezieht ihr Wasser aus
3 ³/₄ Stunde südwestlich der Stadt in einer Wiese gesammelten
Brunnen; die untere Amtswasserleitung dagegen aus 2 Brunnen,
die, dicht am Südende der Stadt, ebenfalls auf Wiesenland
gelegen sind. Das Mauerwerk dieser 5 Brunnen ist zwar
durchschnittlich 40 cm über dem Boden erhöht, aber gelockert
und teilweise zerbröckelt, während ihre Abdeckung aus höchst
schadhaften Holzbrettern besteht, sodass also ein Schutz nicht
einmal gegen grobe Verunreinigungen vorhanden ist. Beide
Leitungen führen das Wasser in Eisenröhren nach der Stadt,
wo die Verteilung desselben auf folgende eigentümliche Weise
stattfindet:

Wir finden nämlich einerseits sogenannte „Heimröhren“,
d. h. Zweigleitungen, die direkt vom Hauptstrange in die
Häuser bezw. Höfe einer Anzahl privilegierter Grundstücke
abgehen. Die Ausflussenden der Zweigröhren sind für gewöhnlich durch Hähne verschlossen und nur bei Bedarf wird
durch Öffnen derselben Wasser ausströmen lassen. Es giebt
im ganzen 23 Heimröhren, davon entfallen 13 auf die obere,
10 dagegen auf die untere Leitung.

Andererseits aber bestehen 4 öffentliche Ausflüsse der Leitungen; mit diesen sind unterirdische Bassins verbunden.
Die obere Leitung speist je ein Ausflussrohr auf dem Markt
und in der Obergasse, während der unteren Leitung je eins
auf dem Töpfermarkt und in der Vorstadt zugehört. Das
Leitungswasser fliesst an diesen Stellen beständig aus einem
ca. 1 m hohen Steigrohre. Für gewöhnlich strömt das Wasser
reichlich aus, mitunter aber fliesst es nur noch bindfadenstark.
Letztere Erscheinung erklärt sich so, dass zur selben Zeit
der Leitung grössere Wassermengen durch die Heimröhren
entzogen werden.

Unter dem Ausflussrohr ist ein Brett zum Aufstellen der
Wassergefässe angebracht. Durch eine in demselben befindliche
Öffnung von ca. 10 cm Durchmesser sieht man das Wasser,
wofern es nicht anderweit aufgefangen wird, in das unterirdische Bassin hinabfallen.

Betreffs der Bauart und Zugänge der Bassins ist nun Folgendes zu bemerken. Die 4 Bassins sind auscementiert, das kleinste fasst 6, das grösste 81 cbm Wasser. Von der Strasse her sind sie zugänglich durch eine 1—2 qm grosse, mit Bohlendecke verschlossene Öffnung im Niveau der Strasse. Die Bohlendecke nun wird von einer ins Bassinwasser bis 25 cm über den Bassinboden eintauchenden Holzpumpe durchsetzt, mittels welcher Bassinwasser entnommen werden kann.

Durchschnittlich 60 cm unter dem Erdboden geht ein Eisenrohr aus dem Bassin, durch welches das überschüssige Wasser abgeführt wird, und zwar gelangt es aus 2 der Bassins direkt nach einem benachbarten Graben; dagegen werden von dem Überlaufswasser der beiden andern Bassins 4 oberirdische offene Behälter (2 steinerne Röhrtröge und 2 hölzerne Butten) in tiefer gelegenen Grundstücken gespeist. Auch die andere Art der Abzweigung von Bassinwasser in benachbarte Grundstücke, der wir schon mehrfach begegnet sind, finden wir in Mutzschen wieder, nämlich die Schlepppumpen, deren hier 7 bestehen. Aus diesen Einrichtungen können wir schliessen, dass die Verwendung des Bassinwassers seitens der Einwohner in nicht unbeträchtlichem Masse stattfindet. Ja, sie sind gelegentlich sogar genötigt, ihren Wasserbedarf durch Bassinwasser zu decken, da das fliessende Wasser aus dem oben angegebenen Grunde zeitweilig versagt.

Die oben gegebene Darstellung der Bassinanlage überzeugt uns, dass dem Eintritt verunreinigender Substanzen ins Bassinwasser dieselben Wege offen stehen, die wir im Anschluss an die Beschreibung der Geithainer Anlagen im einzelnen besprochen haben.

Das am 6. Juli vorgenommene Plattengiessen führte zu folgenden Ergebnissen:

A. Obere Amtswasserleitung.

Röhrwasser (aus der Auslaufstelle am Markt): 9 Keime Mittelwert
Bassinwasser aus dem Marktbassin: 109 „   „
Bassinwasser aus dem B. der Obergasse: 279 „   „

B. Untere Amtswasserleitung.

Röhrwasser (aus d. Auslaufst. am Töpfermarkt):   6 Keime Mittelw.
Bassinwasser aus d. Töpfermarktbassin: 142   „   „
Bassinwasser aus d. Vorstadtbassin: 392   „   „

Wir erkennen aus diesen Zahlen, dass auch in den Mutz-schener Bassins der Zutritt von fremden Keimen ein sehr beträchtlicher ist.

Nerchau.

In N., einer Stadt von 2000 Einwohnern, ist ein einziger ständig fliessender, mit einem unterirdischen Bassin verbundener Wasserauslauf vorhanden. Das ist der an einer wenig bebauten Strasse gelegene sogenannte Kirchbergbrunnen. Diese Wasserentnahmestelle wird aber viel benutzt, da die zahlreichen Pumpbrunnen der Stadt, die vielfach in der Nähe undichter Düngerstätten gelegen sind, schlechtes Wasser liefern.

Das Wasser des Kirchbergbrunnens wird an einer 150 m vom Auslauf entfernten unbebauten Stelle in einem mit Ziegelsteinen ausgesetzten, aber auch im obern Teile nicht gemauerten Schacht gesammelt, dessen 30 cm über dem Boden sich erhebender Mauerrand mit einer Cementplatte abgedeckt ist. Das Wasser wird in Eisenröhren mit beträchtlichem Falle nach der Auslaufstelle geführt, wo es, sich in einem Steigrohre 1 m über das Bodenniveau erhebend, frei zu Tage läuft. Es liefert nach meiner Messung erst in 12 Sek. 1 l, muss also spärlich genannt werden. Zu ebener Erde ist unter dem Auslauf ein Eisenblech mit siebartigen Löchern angebracht, durch welche das nicht aufgefangene Wasser in ein unterirdisches Bassin gelangt. Letzteres, welches auscementiert ist und 18 cbm Wasser fasst, ist durch eine im Niveau der Strasse gelegene Einsteigeöffnung zugänglich, welche mit zusammen 1,5 qm in der Fläche haltenden Granitplatten abgedeckt ist. In einer Öffnung dieser Plattendecke steht eine Holzpumpe, welche bis 20 cm über dem Bassinboden eintaucht. 0,50 m unter dem Erdboden führen aus dem Bassin 2 je 5 cm im Durchmesser haltende Chamotterohre nach der benachbarten Schleusse.

Demnach bemerken wir auch bei diesem Bassin dieselben

Communikationen des Bassinraumes mit der Oberfläche einerseits und der Schleusse andererseits, denen wir bei den früher beschriebenen Bassins schon so oft begegnet sind und die wir als Eintrittspforten für Verunreinigungen kennen gelernt haben.

Wie ich konstatiéren konnte, füllten viele Wasserholende ihre Gefässe mit Bassinwasser, dagegen nur wenige, wie es ja bei dem schwachen Zufluss auch nicht anders zu erwarten war, mit fliessendem Wasser.

Nach der am 18. Juni vorgenommenen bakteriologischen Untersuchung hatte das fliessende Wasser einen Keimgehalt von 60, das Bassinwasser von 665. Es tritt also hier die Verschlechterung des Wassers im Bassin ebenfalls drastisch hervor.

Die in vorstehender Arbeit dargelegten, an einigen alten Röhrwasserleitungen gewonnenen Beobachtungs- und Untersuchungsresultate zwingen uns dazu, diese Wasserversorgungsanlagen vom hygienischen Standpunkte aus als nicht einwandfrei anzusehen.

In erster Linie ist schon die Quellfassung meist unzweckmässig, sodass die Leitung schon beim Eintritt in die Stadt keine genügenden Garantieen für Reinheit des Wassers bietet. Dann aber muss auch die Art der Verteilung und Magazinierung des Wassers mit Zuhilfenahme einer Anzahl von Strassenbehältern schweren sanitären Bedenken begegnen.

Die in jedem Falle nachgewiesene und meist sehr erhebliche Keimvermehrung des im Bassin angesammelten gegenüber dem zufliessenden Wasser lässt sich, da eine spontane Vermehrung schon im Wasser vorhandener Keime wegen der beständig stattfindenden Erneuerung des Wassers höchstens eine ganz geringe Rolle spielen könnte, nur durch die Annahme eingedrungener Verunreinigungen erklären.

Fragen wir uns nun, was sich zur Verhütung des Eintritts fremder Substanzen ins Bassinwasser für Massregeln treffen lassen, so wäre die nächstliegende Antwort die, dass

alle von aussen ins Bassin führenden Zugangswege luft- und
wasserdicht verschlossen sein müssten. Diese Forderung ist
aber dort, wo das Röhrwasser in den Strassen zu Tage läuft.
und dann erst durch- eine Öffnung des Bodens ins Bassin
hinabfällt, natürlich unerfüllbar. Aber selbst in einer Stadt,
wo man mit Änderung der ursprünglichen Einrichtung das
Röhrwasser dem Bassin unterirdisch zugeführt und ausserdem
alle andern Zugangsöffnungen nach Möglichkeit abgedichtet hat,
nämlich in Geringswalde, ist es nicht gelungen Verunreinigungen auszuschliessen, wie die von uns dort gefundenen Keimzahlen des Bassinwassers beweisen.

Dadurch, dass die Strassenbassins in so hohem Grade
Oberflächeneinflüssen unterworfen sind, entsteht eine wirkliche
sanitäre Gefahr, welche leicht einmal zu einem verhängnisvollen
Ausdruck kommen kann, wenn durch irgend welche Umstände
pathogene Keime ins Bassinwasser gelangen. So könnte z. B.
einmal aus einem Hause, in dem Typhus oder Cholera herrscht,
infektiöses Material in die Nähe eines Behälters verschleppt,
in denselben hineingespült und dadurch eine Erkrankung der-
jenigen Personen herbeigeführt werden, welche aus diesem
Bassin ihren Wasserbedarf decken. Aber auch durch den
zwischen Schleusse und Bassinraum offenen Weg könnten einmal Infektionserreger ins Behälterwasser gelangen. Wenn wir
auch ein direktes Rückstauen von Schleussenwässern, wenigs-
tens in den beschriebenen Orten, nicht zu befürchten brauchen,
so müssen wir doch an die ständigen Bewohner der Schleussen-
kanäle, die Ratten denken, die wir als Verbreiter der Pest
kennen, und müssen es somit für nicht ausgeschlossen erklären,
dass einmal das Wasser eines Bassins durch eine hineingelangte
kranke Ratte inficiert werden könnte.

Neben dem ersten grossen Nachteil der unvermeidlichen
Verunreinigung der Strassenbassins und der daraus ent-
springenden Infektionsgefahr entsteht aus dieser Art der
Magazinierung des Wassers ein zweiter, das ist die Compliciertheit der Anlage.

Wie schwer, ja fast unmöglich ist es, eine grössere Anzahl
von Bassins, deren jedes für sich die Möglichkeit der Ver-

unreinigung sowie irgend welcher Betriebsstörungen bietet, so
zu kontrollieren, dass jeder eintretende Defekt sofort bemerkt
und beseitigt wird.

Ebenfalls durch die Mehrzahl und dadurch bedingte relative
Kleinheit der Behälter wird der Einfluss der Aussentemperatur
auf das angesammelte Wasser ein erheblicher.

Zu den angeführten Nachteilen gesellt sich die Unzweck-
mässigkeit der Wasserverteilung bei den alten Leitungen. Denn
es läuft viel Wasser weg, welches in geeigneter Weise maga-
ziniert werden könnte und dann, vorausgesetzt, dass man nur
das gerade gebrauchte Quantum entnehmen würde, im Stande
wäre, die einzelnen Grundstücke mit Leitungen in die Häuser
zu versorgen.

Alle die aufgeführten Mängel und Nachteile der alten
Röhrwasserleitungen sind bei den modernen Leitungen mit
einem einzigen Hochbehälter und mit Hausleitungen, deren
Ausflussröhren für gewöhnlich mit Hähnen verschlossen sind,
vermieden. Sie bieten ihrerseits, unter der selbstverständlichen
Voraussetzung, dass auch die Quellfassungen tadellos sind, die
bestmöglichen Garantieen für Güte und stets ausreichende
Menge des Wassers.

Ein moderner grosser Hochbehälter ist nämlich den verunreinigenden Einflüssen städtischer Strassen entrückt, hat wenige, leicht zu sichernde und zu kontrollierende Zugangsstellen
und vermag durch Bedeckung mit schlechten Wärmeleitern
das Wasser annähernd auf Grundwassertemperatur zu halten.
Ausserdem wird eine zweckmässige Ökonomie der Wasserverteilung erst durch Einführung eines einzigen Behälters er-
möglicht.

Es ist gewiss nicht unberechtigt, zu hoffen, dass auch die
Städte, deren Leitungen wir beschrieben haben, in absehbarer
Zeit die Magazinierung des Wassers in einer Anzahl von Tief-
behältern aufgeben und das ihnen meist in genügender Menge
zur Verfügung stehende Quellwasser durch Anlegung eines
einzigen Hochbehälters noch zweckmässiger ausnützen. Sie
werden dann nicht nur die Gefahr einer gesundheitlichen
Schädigung ausschliessen, sondern auch durch Zuleitung des

2*

Wassers in die Häuser und sogar in die oberen Stockwerke ihren Einwohnern alle die andern segensreichen Vorzüge einer modernen Wasserversorgung bieten.

Schliesslich spreche ich Herrn Geh. Med.-Rath Prof. Franz Hofmann für die Anregung zu vorliegender Arbeit, sowie für vielseitige Raterteilung und Förderung während derselben meinen herzlichen Dank aus.

Vita.

Ernst Weissenborn ist am 17. August 1875 in Taupadel bei Bürgel als Sohn des Pfarrers Karl Hermann Theodor Weissenborn geboren. Da die Eltern 1876 nach Crimmitschau verzogen, verlebte er hier den grössten Teil der Kindheit und erhielt den ersten Unterricht in der Bürgerschule, später in der Realschule daselbst. 1889—1895 besuchte er die Fürsten-schule in Grimma, die er mit dem Reifezeugnis verliess, um in Leipzig Medizin zu studieren. Während des ersten Studienhalbjahres diente er mit der Waffe im 134. Infanterie-Regiment. Ostern 1897 bestand er die ärztliche Vorprüfung; von Michaelis 1897 bis Ostern 1899 studierte er in Berlin, dann wieder in Leipzig, wo er nach abgelegter ärztlicher Prüfung am 30. März 1900 die Approbation als Arzt erlangte.

CPSIA information can be obtained
at www.ICGtesting.com
Printed in the USA
BVHW040817220219
540923BV00008B/591/P